升级版 1

这就是物理

MATTER物质

米莱童书 著·绘

北京理工大学出版社
BEIJING INSTITUTE OF TECHNOLOGY PRESS

推荐序

　　每个孩子从出生起，就对世界充满了好奇，如果想要了解世界，物理学就不可或缺。物理学是我们认识世界的桥梁，它揭示了事物发生和发展的客观规律，更是许多科学的基础。但是物理的概念繁多，知识点之间的关联性很强，对于刚接触物理的孩子来说，有些复杂难懂。

　　如何将复杂的物理知识，生动有趣地展现给孩子，就显得十分重要了。《这就是物理·升级版》就是专为孩子们打造的物理学科启蒙图书，以趣味漫画的形式将严肃的科学原理与生活中的有趣现象联系起来。比如：声音是怎么产生的？冰箱、电视等电器的电是怎么来的？为什么洒在地上的水过一会儿就不见了？为什么下雨后会有彩虹？为什么汽车车轮胎有花纹是为了增加摩擦，而汽车车轮轴又要加润滑油以减小摩擦……

　　不仅如此，在这里，还有物质、能量、声、光、电、磁、力，这些物理概念化身成一个个活泼可爱的主人公，为我们一点点展现奇妙的物理世界。大到宇宙天体、小到基本粒子，从日常生活到前沿科技，这套书将严肃枯燥的理论，由浅入深、轻松有趣地表达出来，十分适合喜欢物理的孩子阅读。

　　希望这套物理启蒙漫画书能够让孩子们喜欢上物理，并帮助孩子们在知识的海洋中尽情遨游。

中国工程院院士、电子光学和光电子成像专家
周立伟

目　录

无处不在的物质

物质是什么样子的?

你在沙滩上玩，会看到扇形的贝壳、五角星形的海星、螺旋状的海螺，它们的颜色和形状有的相同，有的不同，大小也不一样。

你的玩具，也有着各自的颜色、形状和大小。而且它们有的软，有的硬；有的光滑，有的粗糙。这些都是物质的属性。

你也来描述一下身边的物质吧。

物质的质量有多有少

我们把同一块面团，依次捏成方形、圆形、长条形，它的质量会不会发生变化呢？

通过测量，我们会发现，它的质量并没有变化。这是因为面团的形状虽然变了，但是所含物质的多少没变，因此面团的质量也不会改变。

足球放在地上时和被踢到空中时，所含物质的多少没变，质量还是一样的。

哪怕是冰块融化成了水，因为它所含的物质没变，所以它的质量也不会改变。物体的质量不随它的形状、状态和位置的改变而改变。

物质的密度有大有小

这是一个铁块和一个木块，它们体积相同，把它们放在天平两端，会发生什么呢？

咦？铁块沉下去了，这是为什么呢？

因为，铁块和木块虽然看起来一样大，但是铁块含有的物质却比木块含有的物质多，所以铁块一端沉下去了。

就好比同样的一个书包，里面塞满书时要比只有一两本书时沉很多，这是因为密度变大了。密度是指单位体积内某种物质的质量。不同的物质有着不同的密度，相同体积下，密度越大，物体的质量越大。

2本

生活中的金属物质

物质有很多种类，可以分成金属和非金属。说到金属，相信你一定不会陌生，金属物质有很多，金、银、铜、铁、铝、汞等都是金属。

金属是制造汽车、飞机等的主要材料。

金属还能制造乐器。

还有你衣服上的拉链、门把手等，也都是用金属制成的。

金属有一些共同的特性，比如，它们具有光泽，可以用来制作漂亮的饰品。

金属还具有延展性，可以压成薄片。

金属也可以拉成长长的细丝，做成电线，这是因为金属能导电。

金属还有良好的导热性，所以炒菜用的锅也是用金属制成的。

常见的非金属物质

非金属物质中还有很重要的一类，那就是气体。生活中常见的气体有氧气、氮气、氢气、氦气等。

氧气在自然界中分布很广，木材燃烧、废水处理、火箭升空、动物和人的呼吸等，都需要氧气。

嘛呜嘛呜，好吃！

薯片鼓鼓的包装袋里填充的是氮气，可使薯片不易被挤碎，同时还能保护薯片不被氧化变质。氮气还能够被制成化肥，帮助农作物茁壮生长。

还有一些气体是稀有气体，也称惰性气体。它们在通电时能发出不同颜色的光，用来制作霓虹灯。

物质是由什么构成的？

说了这么多，我们已经知道一切物体都是由物质构成的，那么物质又是由什么构成的呢？

物质是由分子和原子构成的。比如我们呼吸的氧气，就是由氧分子构成的。

这个铁块是由铁原子构成的。水是由水分子构成的。

什么？你说你没看到？哈哈，那是因为分子和原子都太小了。我们无法直接用眼睛看到它们，需要借助电子显微镜来探测。

如果把分子看成球形，那么它的直径只有百亿分之一米。

它们到底有多小呢？

打个比方，如果拿一个分子和一个苹果的大小作比较，就相当于拿一个苹果和地球的大小作比较。

分子的数量非常庞大，小小的一滴水，里面的水分子却非常非常多，即使让10亿人昼夜不停地数，也要几万年才能数完。

我就有一个问题，我什么时候才能下班？

167000000000000000000

即便如此，分子和分子之间竟然还能留有空隙！

比如，你在一杯清水里，倒入一勺盐、两勺盐、三勺盐……

你会发现，水的体积并没有增加，这是因为盐填充在了水分子的空隙中。

盐

说了这么多，分子和原子究竟长什么样子呢？

就好比箱子里已经装满了苹果，但还是能往里面倒入许多绿豆一样。

不好意思，挤一挤。

跟我一起去物质的微观世界看看吧。

17

分子和原子

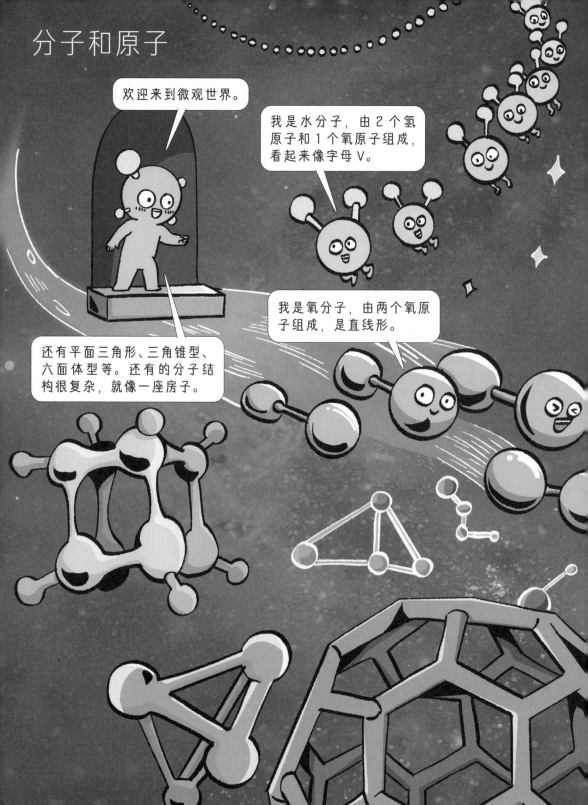

欢迎来到微观世界。

我是水分子，由2个氢原子和1个氧原子组成，看起来像字母 V。

我是氧分子，由两个氧原子组成，是直线形。

还有平面三角形、三角锥型、六面体型等。还有的分子结构很复杂，就像一座房子。

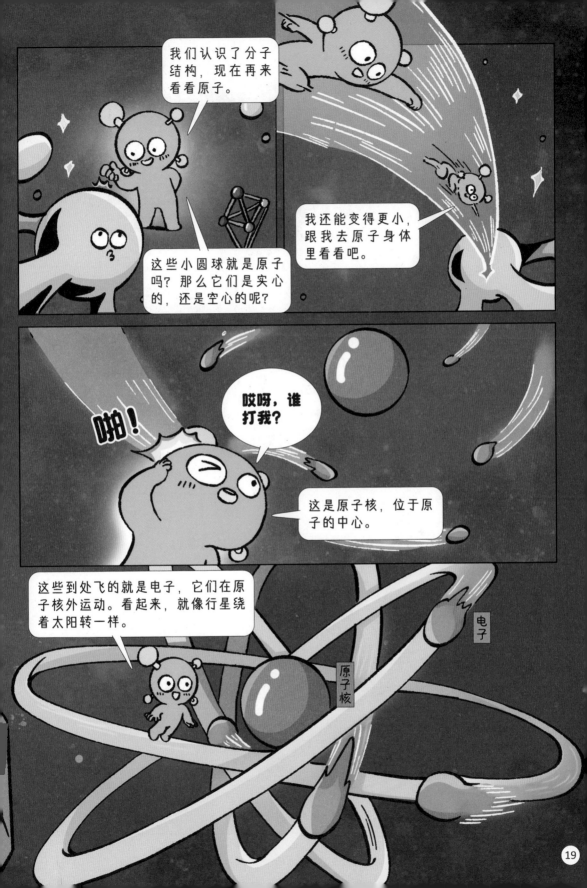

不过，科学家发现，电子并不像行星那样守规矩。实际上，电子在原子核外做高速运动。

它们的轨迹非常杂乱，毫无规律可循。你很难预测下一秒电子会在哪里。

如果将原子看作一个操场，原子核只有一只蚂蚁大小，剩下的空间都是电子的运动场所。

这才是自由的味道。

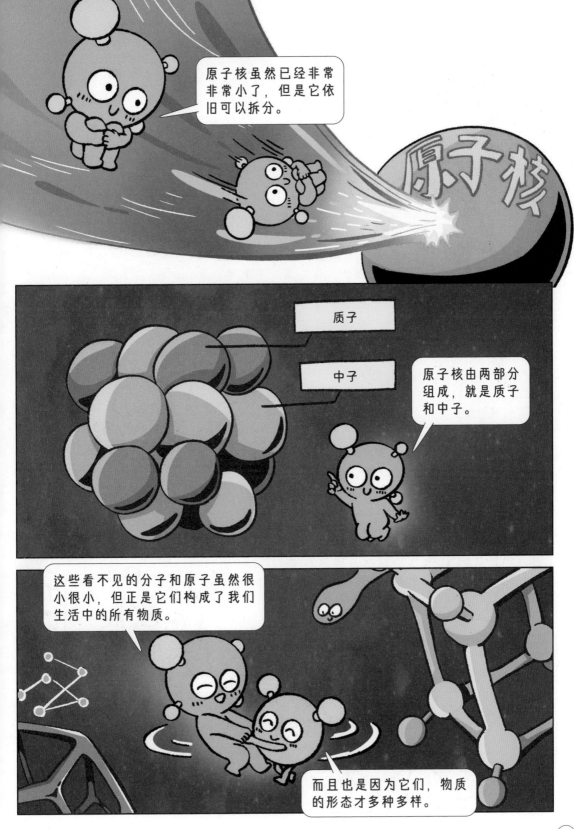

物质的不同状态

你发现了吗？我们生活中的物质，像金属、木头等，是固态；水、牛奶是液态；而空气则是气态。物质为什么会出现这三种状态呢？

这其实与分子的排列方式有关，让我们再回到微观世界去。

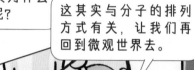

看，这个排得整整齐齐的队伍是固态分子小队，它们都是好朋友，喜欢聚在一起。

所以它们组成的固态物质具有固定的体积，也不易变形。

而液态分子则比固态分子要活泼一些，排列方式比较散乱。

因此，液态物质可以流动，改变形状。

这些是气态分子，它们崇尚自由，无拘无束，想去哪儿就去哪儿。

哼，谁稀罕，我的地盘更大。

这片我占了，你去别处吧。

所以气态物质没有固定形状，一会儿大一会儿小，一会儿扁一会儿圆，体积也很容易变化。

看，我会七十二变。

分子都喜欢运动

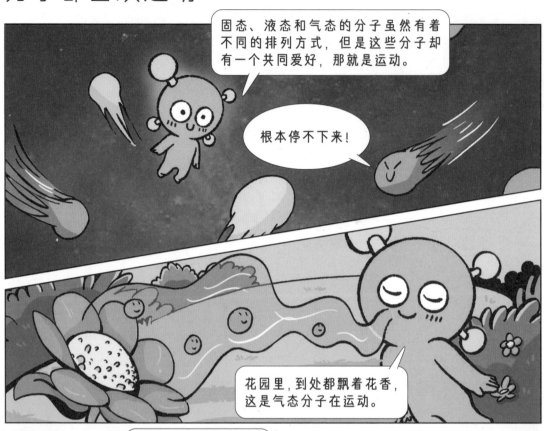

固态、液态和气态的分子虽然有着不同的排列方式，但是这些分子却有一个共同爱好，那就是运动。

根本停不下来！

花园里，到处都飘着花香，这是气态分子在运动。

往水里滴几滴红墨水，红墨水会慢慢散开，最后染红整个水杯，这是液态分子在运动。

煤炭放在墙角，几年后墙面也会被蹭上一层黑色，这是固态分子在运动。

这些现象被称为扩散，指的就是不同物质在互相接触时，彼此会进入对方的现象。

气体扩散的速度最快，液体次之，固体最慢。

把红墨水滴入热水中，扩散速度变快了，说明温度越高，分子运动得越快。

分子的运动跟温度有关，所以这种无规则运动叫作分子热运动。

熔化和凝固

说完了熔化，再来说说凝固，凝固也是很常见的现象。

比如，河水到了冬天会结冰。

奶昔放进冰箱会变成冰淇淋。

好冷啊，我要抱抱。

物质由液态变为固态的过程，就是凝固。你发现了吗？凝固和熔化是正好相反的过程。

物质在凝固的过程中会放热。冬天农民伯伯用地窖储存蔬菜，会在旁边放一桶水。温度很低时，桶里的水会凝固成冰放出热量，使地窖温度升高，这样蔬菜就不会被冻坏了。

汽化和液化

物质也可以从液态变成气态。比如，洒在地面上的水，过一会儿就不见了。

熬汤时，锅里的水也会越来越少。这些水都去哪儿了？它们怎么消失了？

我要飞得更高。

其实，这些水并没有消失，而是变成水蒸气飞走了。像这样，物质从液态变成气态的过程叫作汽化。

汽化时会吸收热量。比如你游完泳上岸的时候，会有点冷。

这是因为你身上的水汽化，吸收了你的热量。

相反地，物质从气态变成液态的过程叫作液化。冬天从寒冷的户外回到家，眼镜镜片上会出现一层白雾。这层白雾就是水蒸气液化成的小水滴。

还有洗完澡后，浴室的镜子上会有一层水珠。

刚从冰箱里拿出的饮料，表面会湿哒哒的。

好凉爽，我要歇会儿。

这些都是液化现象。

小朋友一定要远离开水哟。

液化时会放热，如果不小心被100摄氏度的水蒸气烫到，烫伤程度会比被100摄氏度的开水烫到更严重。因为水蒸气碰到你的皮肤时会发生液化，放出热量，再一次烫伤你。

升华和凝华

说了这么多，是不是固态都要先变成液态，再变成气态呢？

当然不是，你要相信物质的神奇力量。物质也能从固态直接变成气态，这个过程叫作升华。

冬天洗完的衣服挂在外面，即使冻成冰块，时间长了，衣服依然会变干。这是因为冰直接变成水蒸气飞走了。

衣柜里用来防虫的樟脑丸，会变得越来越小，也是因为从固态直接变成了气态。

升华会吸热。在运送蛋糕时会在蛋糕盒里放一些干冰，因为干冰是固态的二氧化碳，极易升华吸热，这样盒子里的温度降低，蛋糕就不会化了。

而气态也可以直接变成固态，这个过程叫作凝华。

冬天，窗户上出现冰霜。

还有我们常见的雪，这些都是水蒸气直接变成的冰晶。

树枝上会有一层雾凇。

生活中物质一直在帮助我们

对物质的探索永不停息

而在现代科学中，人们对物质的研究已经深入微观领域。

人们发明了高分子材料，比如塑料、橡胶、纤维等都是高分子材料。

它们可以用来制造玩具、轮胎、衣服等。

有的高分子材料强度非常高，耐热性非常好，可以应用于建筑、运输等领域。

你听说过纳米材料吗？纳米材料是指在长、宽、高三维尺寸中至少有一维处于纳米尺寸（1~100 纳米）的材料，或由它们作为基本单元构成的材料。1 纳米相当于一根头发丝直径的十万分之一那么细。

$$1纳米 = \frac{1}{100000}$$

在衣服里添加纳米微粒，可以防静电、防水。

采用纳米涂层的家具更耐腐蚀。

未来，纳米粒子甚至可以进入人体血管中，帮助治疗疾病。

未来还会有更多新物质被发明创作出来。

我是物质，以后你们看到物质就要想起我哦，再见啦！

角色卡

- **姓 名** 物 质

- **年 龄** 和宇宙的年纪一样大

- **装 备** 电子显微镜

- **普通技能** 能够在固态、液态和气态之间变化

- **特殊技能** 超强的自我更新能力，更多的新物质被发明创造出来

- **天 赋** 由非常微小的粒子组成

- **武 学** 一块很小的物质，能够转化为巨大的能量

在物理学上有一个非常著名的式子，揭示了物质和能量之间的关系：物质其实就是能量，只不过物质是看得见摸得着的，能量则显得神秘一些。如果把一颗小珍珠里的能量全部提取出来，就相当于 4 万吨炸药，足以毁灭一座小型城市。

- **关联物品** 世间万物

- **行动范围** 一切有物质的地方

创作团队

米莱童书

米莱童书

米莱童书是由国内多位资深童书编辑、插画家组成的原创童书研发平台。旗下作品曾获得 2019 年度"中国好书", 2019、2020 年度"桂冠童书"等荣誉；创作内容多次入选"原动力"中国原创动漫出版扶持计划。作为中国新闻出版业科技与标准重点实验室（跨领域综合方向）授牌的中国青少年科普内容研发与推广基地，米莱童书一贯致力于对传统童书进行内容与形式的升级迭代，开发一流原创童书作品，适应当代中国家庭更高的阅读与学习需求。

策 划 人： 刘润东　魏　诺

统筹编辑： 秦晓英

原创编辑： 窦文菲　秦晓英　张婉月

漫画绘制： Studio Yufo

专业审稿： 北京市赵登禹学校物理教师 张雪娣

装帧设计： 刘雅宁　张立佳　辛　洋　刘浩男　马司雯　朱梦笔

图书在版编目（CIP）数据

这就是物理 : 升级版 : 全10册 / 米莱童书著、绘
. -- 北京 : 北京理工大学出版社, 2023.6（2024.12重印）
　ISBN 978-7-5763-2374-0

　Ⅰ.①这… Ⅱ.①米… Ⅲ.①物理学 - 青少年读物
Ⅳ.①O4-49

中国国家版本馆CIP数据核字(2023)第082201号

出版发行 / 北京理工大学出版社有限责任公司
社　　　址 / 北京市丰台区四合庄路 6 号
邮　　　编 / 100070
电　　　话 / （010）82563891（童书售后服务热线）
经　　　销 / 全国各地新华书店
印　　　刷 / 朗翔印刷（天津）有限公司
开　　　本 / 710毫米×1000毫米　1 / 16
印　　　张 / 25
字　　　数 / 600千字
版　　　次 / 2023年6月第1版　2024年12月第12次印刷
定　　　价 / 200.00元（全10册）

责任编辑 / 封　雪
文案编辑 / 封　雪
责任校对 / 刘亚男
责任印制 / 王美丽